建筑工人职业技能培训教材

砌 花 街 工

广东省建设教育协会 组织编写

中国建筑工业出版社

图书在版编目(CIP)数据

砌花街工/广东省建设教育协会组织编写. —北京：
中国建筑工业出版社，2017.8
建筑工人职业技能培训教材
ISBN 978-7-112-21105-0

Ⅰ.①砌… Ⅱ.①广… Ⅲ.①砌筑-职业培训-教材
Ⅳ.①TU754.1

中国版本图书馆 CIP 数据核字(2017)第 198853 号

　　本教材是由广东省建设教育协会组织编写的，面向砌花街工培训的教材，共分为概述、砌花街的施工工艺、花街图案集锦。适合从事匾额制作工人培训及自学，也可供相关专业人员参考使用。

责任编辑：李　明　李　杰　张晨曦
责任校对：李欣慰　李美娜

建筑工人职业技能培训教材
砌花街工
广东省建设教育协会　组织编写
*
中国建筑工业出版社出版、发行（北京海淀三里河路 9 号）
各地新华书店、建筑书店经销
北京红光制版公司制版
北京同文印刷有限责任公司印刷
*
开本：850×1168毫米　1/32　印张：1⅜　字数：36 千字
2018 年 3 月第一版　2018 年 3 月第一次印刷
定价：**10.00** 元
ISBN 978-7-112-21105-0
(30756)

目　　录

一、概述 …………………………………………………………… 1

　（一）传统铺地图案——自然纹样铺地 ………………… 2

　（二）传统铺地图案——动植物纹样铺地 ……………… 2

　（三）传统铺地图案——文字纹样铺地 ………………… 4

　（四）传统铺地图案——组合纹样铺地 ………………… 6

　（五）铺地图式 ………………………………………… 7

二、砌花街的施工工艺 ………………………………………… 9

　（一）砌花街的类型与形式 …………………………… 9

　（二）砌花街施工技术 ………………………………… 16

　（三）砌花街做法 ……………………………………… 18

　（四）砌花街主要分项工艺 …………………………… 29

三、花街图案集锦 ……………………………………………… 36

参考文献 ………………………………………………………… 40

一、概　　述

　　砌花街，也叫花街铺地，是古典园林中铺地的主要处理手法之一。中国古典园林中往往在游人活动较为频繁的地方都要对地面予以铺装处理，这就是所谓的铺地。房舍的室内地面为了防潮及减少起砂，一般都要铺设水磨方砖。室外月台大多使用条石铺地使其平坦。而在园路、走廊、庭院、山坡蹬道等处为防止积水或风雨侵蚀则常以砖、瓦、条石、不规则的石板、碎石、卵石以及碎瓷、缸片等材料，或单独使用，或相互配合，组成各种精美图案的铺地。如人字纹、席纹、海棠芝花、万字、球门、冰纹梅花、长八角、攒六方、四方灯景、冰裂纹铺地，极具装饰效果。

　　从中国历代看来，战国有米字纹铺地、秦有拟日纹铺地、西汉有印石路面、东汉有席纹铺地、明清有雕砖印石嵌花路等。

　　明清园林中的铺地充分发挥了匠人的智慧和想象力，创造出变幻无穷的铺地图案，其中以江南苏州一带最为著名，被称作花街铺地。常见的纹样有：完全用砖的席纹、人字、间方、斗纹等。砖石片与卵石混砌的六角、套六方、套八方等。砖瓦与卵石相嵌的海棠、十字灯景、冰裂纹等。以瓦与卵石相间的球门、套钱、芝花等，以及全用碎瓦的水浪纹等。还有用碎瓷、缸片、砖、石等镶嵌成寿字、鹤、鹿、狮健、博古、文房四宝，以及植物纹样。苏州园林的各种铺地纹样正是历史的承载和发展。其他地方的园林中各种形式的铺地也都有使用，但样式不如苏州地区丰富。明清时皇家苑囿在大量使用方砖、条石铺地的同时，受江南园林的影响，也在园径两旁用卵石或碎石镶边，使之产生变化，形成主次分明、庄重而不失雅致的地面装饰。

古代铺地纹饰的文化蕴涵十分丰富，大号是寓意吉祥的图案：纳福、富贵、延寿或是神通广大，能震慑邪恶的太极图、八卦图等。代表了人们的生活愿望和美好祝愿。

铺地纹饰营造并强化着景点意境。优美的铺地图案作为环境背景，以其丰富的象征意义，创造出图案之外深远的意境和韵味。

（一）传统铺地图案——自然纹样铺地

冰裂纹纹样模仿自然界的冰裂纹样，或为直线条化成三角形并呈有规律分布的延展纹，成为不规则纹，极其简练、粗犷与自然。如图1-1、图1-2所示。

图 1-1　四方铺地纹样　　　　　图 1-2　冰裂纹铺地

（二）传统铺地图案——动植物纹样铺地

具有神性的动植物符号也成为铺地的吉祥符号，纹样有凤凰、仙鹤、海棠花、山茶花、牡丹等。如图1-6～图1-10所示。

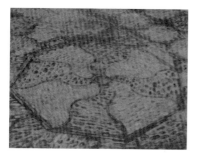

图 1-3　拟日纹铺地

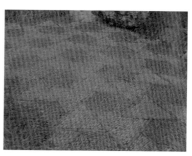

图 1-4　冰雪纹铺地

图 1-5　套方铺地

图 1-6　凤凰纹样铺地

图 1-7　仙鹤纹样铺地

图 1-8　乌龟纹样铺地

3

图 1-9　梅花纹样铺地

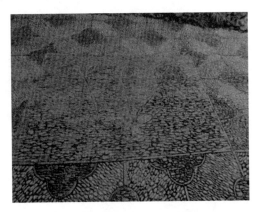

图 1-10　荷花纹样铺地

（三）传统铺地图案——文字纹样铺地

卵石铺面：在一片翠竹、山石中用卵石拼成翠竹石影图案，阳光下相映成趣，更增加了幽静的感觉。这些都起到了增加景区特色、深化意境的作用。这种路面耐磨性好、防滑，富有江南铺地的传统特点。

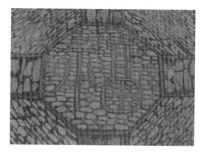

图 1-11　福

图 1-12　人字纹

图 1-13　现代人字纹

图 1-14　十字纹

　　雕砖卵石铺地又被称为"石子画"，它是选用精雕的砖、细磨的瓦和经过严格挑选的各色卵石拼凑而成的铺地，图案内容丰富，有以寓言为题材的图案，如"黄鼠狼给鸡拜年"、"双羊过桥"，也有传统的民间图案，如四季盆景，花、鸟、鱼、虫等，成为我国园林艺术的杰作之一。

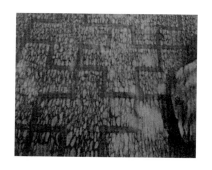

图 1-15　万字纹

（四）传统铺地图案——组合纹样铺地

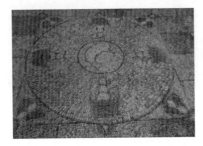

图 1-16 "蝴蝶围寿"铺地

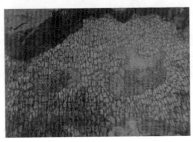

图 1-17 "刘海戏金蟾"铺地

图 1-18 "五福捧寿"铺地

图 1-19 灯景橄榄纹铺地

图 1-20 抽象构图纹样铺地

（五）铺 地 图 式

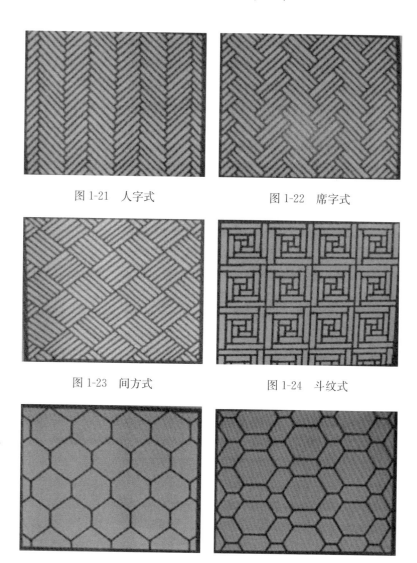

图 1-21　人字式

图 1-22　席字式

图 1-23　间方式

图 1-24　斗纹式

图 1-25　六方式

图 1-26　攒六方式

图 1-27　八方间六方式

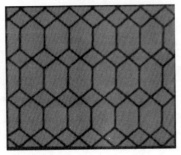

图 1-28　套六方式

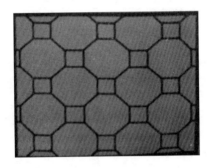

图 1-29　八方式

二、砌花街的施工工艺

（一）砌花街的类型与形式

1. 材料分类

砌花街是古建筑地面工程的一个分支体系，即园林铺地。古建筑地面以砖墁地作法为主，砖墁地包括方砖类和条砖类两种。方砖类包括尺二方砖、尺四方砖、尺七方砖以及金砖等。条砖类包括城砖、地趴砖、亭泥砖、四丁砖等。城砖和地趴砖可统称为"大砖地"，亭泥和四丁砖可统称为"小砖地"。而砌花街除了部分采用古建筑砖墁做法之外，园林铺地内容多样，形式活泼，风格清新雅致，与园林的气氛相适应。铺地材料有石有砖，材料颜色也比较多样，有红、绿、蓝、白、黑等。铺地纹样有人字、席纹、方胜、盘长，以及各种动物、花草、人物等。故少了古建筑院落室内的中正规矩，多了园林和室外空间的随性灵动。

（1）黄石

黄石是一种陈茶黄色的细砂岩，以其黄色而得名。质重、坚硬、形态浑厚沉实、拙重顽夯，且具有雄浑挺括之美。其产地大多山区都有，但以江苏常熟虞山质地为最好。采下的单块黄石多呈方形或长方墩状，少有极长或薄片状者。由于黄石节理接近于相互垂直，所形成的峰面具有棱角锋芒毕露，棱之两面具有明暗对比立体感较强的特点，无论掇山、理水都能发挥出其石形的特色，其碎片多用于砌花街，如图 2-1 所示。

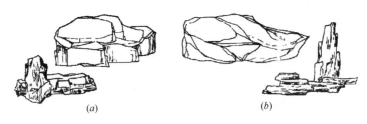

(a) (b)

图 2-1　黄石与青石

（a）黄石；（b）青石

图 2-2　青石

（2）青石

　　青石是一种呈青灰色的水成细砂岩，石内具有水平层理，使石形呈片状，故有"青云片"之称呼。青石也有呈倾斜交织纹理的，多呈块状，易于劈制成面积不大的薄板，常用于园林中砌花街。因其古朴自然，返璞归真的效果颇受欢迎。青石板取其劈制的天然效果，表面一般不经打磨，也不受力，挑选时只要没有贯通的裂纹即可使用。如图 2-1～图 2-4 所示。

　　（3）卵石

　　卵石是经过很长时间，逐渐形成的由于地壳运动等自然力的

图 2-3　青石

图 2-4　青石板

震动风化，再经过山洪冲击，流水搬运和砂石间反复翻滚摩擦，终于形成可爱的浑圆状小卵石。卵石的形成过程可以分为两个阶段，第一阶段是岩石风化、崩塌阶段；第二阶段是岩石在河流中被河水搬运和磨圆阶段。内含有小石子的卵石，其形成原因是破碎的岩块，仅长距离搬运使棱角消失，形成圆形或椭圆形的石子，再经胶结的岩石称为砾石。原来是又粗又大的山石，但经过千百万年雨水的冲刷和彼此之间的相互碰撞，便成了一块块剔透美佳的鹅卵石。

卵石主要化学成分是二氧化硅，其次是少量的氧化铁和微量的锰、铜、铝、镁等元素及化合物。它们本身具有不同的色素，如赤红色为铁，蓝色为铜，紫色为锰，黄色半透明为二氧化硅胶体石髓，翡翠色含绿色矿物等；由于这些色素离子溶入二氧化硅热液中的种类和含量不同，因而呈现出浓淡、深浅变化万千的色彩，使鹅卵石呈现出黑、白、黄、红、墨绿、青灰等色系。由于其分布很广，比较常见，且外形美观，所以成为庭院、道路、建筑施工用石的理想选择。如图 2-5、图 2-6 所示。

图 2-5　卵石（一）

（4）青砖

青砖是黏土烧制的，黏土是某些铝硅酸矿物长时间风化的产物，具有极强的黏性而得名。将黏土用水调和后制成砖坯，放在砖窑中煅烧（900～1100℃，并且要持续 8～15h）便制成砖。黏土中含有铁，烧制过程中完全氧化时生成三氧化二铁呈红色，即

图 2-6　卵石（二）

最常用的红砖；而如果在烧制过程中加水冷却，使黏土中的铁不完全氧化为四氧化三铁则呈青色，即青砖。青砖给人以素雅、沉稳、古朴、宁静的美感，是传统园林砌花街的主要材料之一，也用于图案的牙子。如图 2-7 所示。

图 2-7　红砖

（5）方砖

如图 2-8 所示。

图 2-8　方砖

（6）青瓦

一般指黏土青瓦。以黏土（包括页岩、煤矸石等粉料）为主要原料，经泥料处理、成型、干燥和焙烧而制成，颜色并非是青色，而是暗蓝色或灰蓝色。中国青瓦的生产比砖早，主要用于铺盖屋顶、屋脊，用作瓦当。青瓦给人以素雅、沉稳、古朴、宁静的美感，在砌花街中一般用于图案铺装的牙子。如图 2-9 所示。

图 2-9　青瓦

（7）缸片

图 2-10　陶缸碎片

（8）瓷片

图 2-11　瓷器碎片

（二）砌花街施工技术

1. 粗墁地面

（1）垫层处理。普通砖墁地可用素土或灰土夯实作为垫层比较讲究的垫层至少要用几步（一步灰土即布灰 30cm 左右，踩实到 15cm 左右后，再夯实至 10cm 厚）灰土作为垫层。常以墁砖的方式作为垫层，立置与平置交替铺墁。其间不铺灰泥，每铺一层砖，灌一次生石灰浆，称为"铺浆作法"。

（2）按设计标高抄平。按要求方向做出"泛水"。

（3）冲趟。在两端拴好曳线并各墁一趟砖，即为"冲趟"。

（4）样趟。在两道曳线间拴一道卧线，以卧线为标准铺泥墁砖。注意泥不要抹得太平、太多，即应打成"鸡窝泥"。砖应平顺，砖缝应严密。

（5）上缝。用"木剑"在砖的里口砖棱处抹灰。为确保灰能粘住（不"断条"），砖的两肋要用麻刷沾水刷湿，必要时可用矾水刷棱。但应注意刷水的位置要稍靠下，不要刷到棱上。挂完油灰后把砖重新墁好，然后手执蹾锤，木棍朝下，以木棍在砖上连续地戳动前进，即为上缝。要将砖"叫"平"叫"实，缝要严，砖棱应跟线。

（6）铲齿缝。又叫墁干活，用竹片将表面多余的灰浆铲掉即"起灰"，然后用磨头或砍砖工具斧将砖与砖之间凸起的部分（相邻砖高低差）磨平或铲平。

（7）打点。砖面上如有残缺或砂眼，要用砖药打点齐整。

（8）擦净。将地面重新检查一下，最后擦拭干净。

2. 砖雕甬路

砖雕甬路俗称"石子地"，指甬路两旁的散水墁带有花饰的方砖，或镶嵌由瓦片组成的图案，空当处镶嵌石子。有些则用什色石砾摆成各种图案。

方砖雕刻法先设计好图案，然后在每块方砖上分别雕刻，雕刻的手法可用浅浮雕及平雕手法。雕刻完毕后按设计要求将砖墁好，然后在花饰空白的地方抹上油灰（或水泥砂浆），油灰上码放小石砾，最后用生灰粉将表面的油灰揉扫干净（水泥砂浆则要将其用水刷净）。方砖雕刻用于地面应仅限于局部，不适宜大面积使用。

瓦条集锦法将甬路墁好并栽好散水牙子砖以后，在散水位置上抹一层掺灰泥，然后在抹平了的泥地上按设计要求画出图案，将若干个瓦条依照图案中的线条磨好。如果个别细部不宜用瓦条磨出（如鸟的头部等），可用砖雕刻后代替。然后用油灰把瓦条粘在图案线条的位置上，用瓦条集成图案。瓦条之间的空当摆满石砾，下面也用油灰粘好，最后用生灰面揉擦干净。

花石子甬路作法与瓦条集锦法大致相同，不同的是用石砾直接摆成图案。图案以外的部分，用其他颜色的石砾码置。

（三）砌花街做法

1. 散水
散水的位置，如图 2-11 所示。

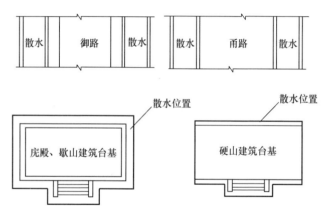

图 2-11　散水位置示意

散水的操作称为"砸散水"。工序包括"栽牙子"、"攒角"和墁砖。

房屋周围的散水，其宽度应根据出檐的远近或建筑的体量决定，从屋檐流下的水最好能砸在散水上。

散水要有泛水，即所谓"拿栽头"。里口应与台明的土衬石找平，外口应按室外海墁地面找平。由于土衬石为水平而室外地面并不水平，因此散水的里、外两条线不是在同一个平面内，即散水两端的栽头大小不同，此点应予以注意。

建筑物散水砖的排列式样如图 2-12 所示。

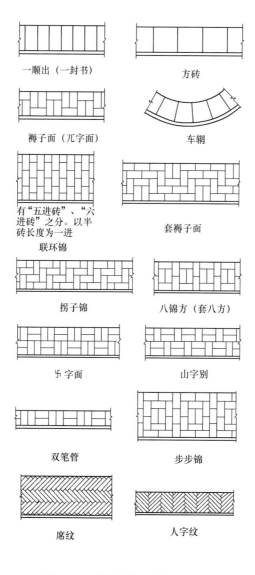

图 2-12　建筑物散水砖排列式样

甬路散水砖的排列式样如图 2-13 所示。

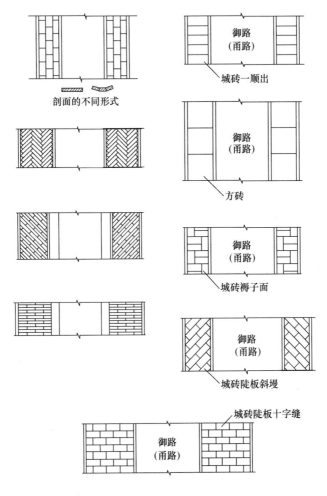

剖面的不同形式

御路
（甬路）
城砖一顺出

御路
（甬路）
方砖

御路
（甬路）
城砖褥子面

御路
（甬路）
城砖陡板斜墁

城砖陡板十字缝
御路
（甬路）

图 2-13　甬路散水砖排列式样

散水转角处的排砖方法如图 2-14 所示。

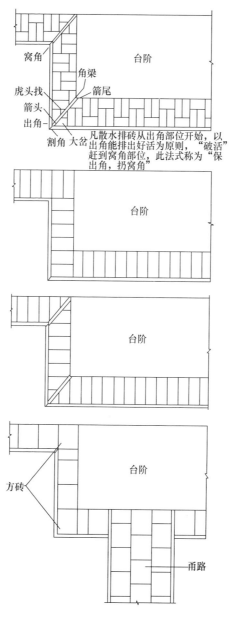

图 2-14　散水转角处的排砖方法（一）

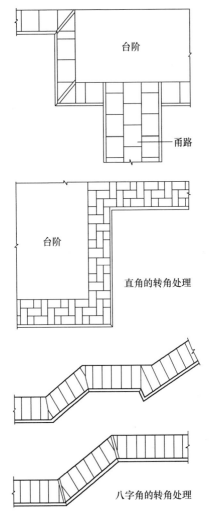

图 2-14　散水转角处的排砖方法（二）

2. 甬路

甬路的铺墁过程称为"冲甬路"。

甬路分大式与小式作法。小式建筑中须用小式甬路，大式建筑中一般要用大式甬路，但在仿古中，也可用小式甬路，这种手法称为"大式小作"。小式甬路的各种做法如图 2-15 所示。大式甬路的各种做法如图 2-16 所示。

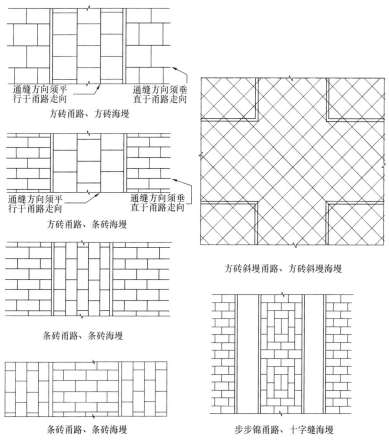

通缝方向须平行于甬路走向　　通缝方向须垂直于甬路走向

方砖甬路、方砖海墁

通缝方向须平行于甬路走向　　通缝方向须垂直于甬路走向

方砖甬路、条砖海墁

条砖甬路、条砖海墁

方砖斜墁甬路、方砖斜墁海墁

条砖甬路、条砖海墁

步步锦甬路、十字缝海墁

图 2-15　小式甬路的各种做法

（1）甬路一般都用方砖铺墁，趟数应为单数，如一趟、三趟、五趟、七趟、九趟等。甬路的宽窄按其所处位置的重要性决定，最重要的甬路砖的趟数应最多，小式建筑的甬路一般不超过五趟。

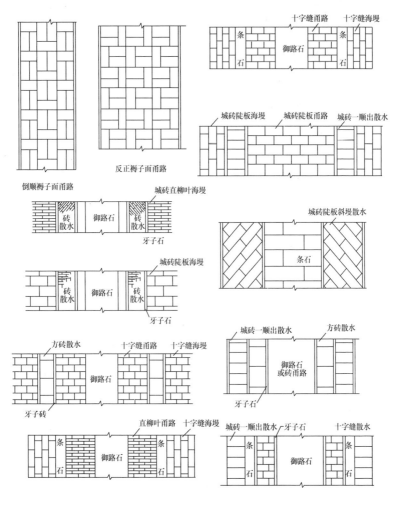

图 2-16 大式甬路的各种做法

（2）甬路一般应有泛水，即中间高、两边低，散水应更低。散水外侧应与海墁地面同高。

（3）大式建筑的甬路，牙子可用石活。

（4）甬路的交叉和转角部位的排砖方法如图 2-17～图 2-20

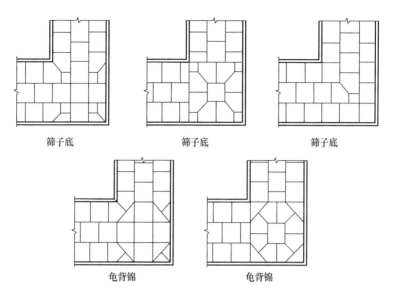

筛子底　　　　　　　　筛子底　　　　　　　　筛子底

龟背锦　　　　　　　　龟背锦

图 2-17　三趟方砖小式甬路或廊子墁地的转角排砖方法

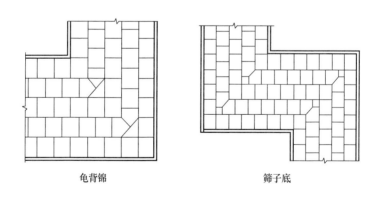

龟背锦　　　　　　　　　　　　筛子底

图 2-18　五趟方砖小式甬路的转角排砖方法

所示，大式甬路以十字缝为主，仿古中也可"大式小作"，适当
采用小式做法。小式建筑中的甬路多为"筛子底"和"龟背锦"
作法，一般不用十字缝做法。

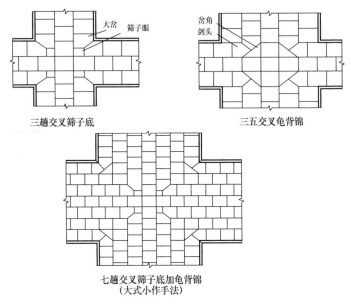

三趟交叉筛子底

三五交叉龟背锦

七趟交叉筛子底加龟背锦
(大式小作手法)

图 2-19　小式方砖甬路十字交叉排砖方法

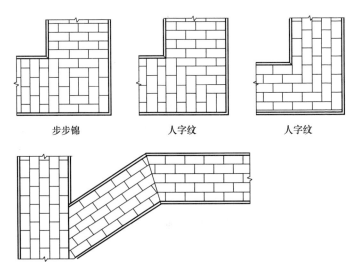

步步锦　　　　　人字纹　　　　　人字纹

图 2-20　小式条砖甬路的转角排砖方法

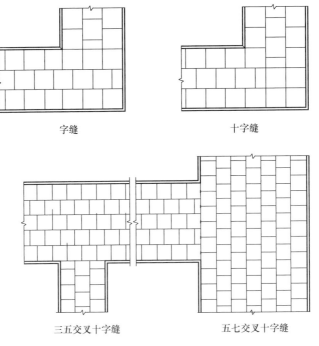

字缝   十字缝

三五交叉十字缝   五七交叉十字缝

图 2-21　大式方砖甬路及廊子的转角排砖方法

3. 雕花甬路

雕花甬路是指甬路两旁的散水墁经过雕刻带有花饰的方砖，或是镶有由瓦片组成的图案，有些则用什色石砾摆成各种图案。雕花甬路常用在宫廷园林中。

（1）雕花甬路的做法

雕花甬路有三种做法，即方砖雕刻、瓦条集锦和花石子做法。

1）方砖雕刻法

先设计好图案，然后在每块方砖上分别雕刻，雕刻的手法可用浅浮雕和平雕手法。雕刻的题材可自由选择，一般常取材于山水花草、人物故事、飞禽走兽等。雕刻完毕后按设计要求将砖墁好，然后在花饰空白的地方抹上油灰（非文物工程可用水泥），油灰上码放小石砾。最后用生灰粉面将表面的油灰扫净。

2）瓦条集锦法

将甬路墁好并栽好散水牙子砖后，在散水位置上抹一层掺灰泥，然后在抹平了的泥地上按设计要求画出图案，将若干个瓦条依照图案中的线条磨好。个别细部不宜用瓦条磨出（如鸟的头部等），可用砖雕刻后代替，然后用油灰粘在图案线条的位置上，用瓦条集锦成图案。瓦条之间的空当摆满石砾，下面也用油灰粘好，最后用生灰面揉擦干净。

3）花石子甬路

花石子甬路作法与瓦条集锦法大致相同。不同的是用石砾代替瓦条摆成图案。图案以外的部分，用其他颜色的石砾码置。由于石砾较难加工，所以花石子甬路的图案不应过于复杂。

（2）雕花甬路的整修

先用白纸和墨水将原有图案摹拓出来。把需修复的地方挖去，然后根据挖去部分的大小，仿照摹拓下来的形象用瓦条、砖或石砾按照前面介绍的制作和安装方法重新做好。如果局部磨损比较严重，应按摹拓出的形象的轮廓将细部重新勾画清楚，然后制作。如果花饰已残缺，则可根据周围的图案自行设计图案，修配完整。

4. 海墁

海墁即指将除了甬路和散水以外的全部室外地面铺墁的做法。四合院中被十字甬路隔开的四块海墁地面又叫作"天井"，其铺墁过程称作"装天井"。

室外墁地的先后顺序应为：砸散水，冲甬路，最后才做海墁。海墁地面应注意如下几点：

（1）海墁应考虑到全院的排水问题。

（2）方砖甬路和海墁的关系有"竖墁甬路横墁地"之说，即甬路砖的通缝一般应与甬路平行（斜墁者除外），而海墁砖的通缝应与甬路互相垂直，方砖甬路尤其如此。

（3）排砖应从甬路开始，如有"破活"，应安排到院内最不显眼的地方。

（4）应注意条砖海墁地面转角处的排砖方法。

（四）砌花街主要分项工艺

1. 焦渣地面

（1）材料要求

焦渣灰可用泼灰与焦渣拌合，也可用生石灰浆与焦渣拌合，但生石灰浆必须经沉淀后过细筛再用，以免石灰块混入焦渣灰内。焦渣须过筛，筛出的细焦砟用于面层。底层用 1∶4 白灰焦渣，面层用 1∶3 白灰焦渣。搅拌均匀后放置 3d 以上才能使用，以防生灰起拱。

（2）操作程序

1）素土或灰土垫层按设计标高找平后夯实。

2）将地面浇湿。

3）铺底层焦渣灰，厚 10cm。铺平后用木拍子反复拍打，直至将焦渣拍打坚实。高出的部分应拍打平整。

4）"随打随抹"作法，不再抹面层，而应在此基础上继续将表面打平，低洼处可做必要的补抹。趁表面浆汁充足时用铁拍子反复揉轧，并顺势将表面轧光。局部糙麻之处可洒一些焦渣浆。在适当的时候再用铁抹子反复赶轧 3～4 次，直至表面达到坚实、光顺、无糙麻现象为止。

现代有在表面撒 1∶1 水泥细砂后再揉轧出浆，赶光出亮的，效果较好。但此法不适用于文物保护工程。

"随打随抹"作法适用于室外地面。

5）抹面层作法的，应按下述方法操作：抹一层细焦砟灰，厚度以刚能把地面找平为宜，一般不超过 1～2cm。先用木抹子抹一遍，然后用平尺板刮一遍，低洼之处用灰补平。

6）在焦渣灰干至七成时进行赶轧。方法有两种：

方法 1：用铁抹子在表面揉轧，引出浆汁，低洼或糙麻之处可抹一层焦渣浆，然后将表面轧出亮光。以后每隔一段时间就用小轧子揉轧一次，直至表面达到坚实、光顺、无糙麻为止。

方法 2：在表面撒上 1：1 水泥细砂（或细焦砟），用木抹子搓平后再用铁抹子揉轧出浆，然后轧出亮光。隔一段时间后再撒一次水泥细砂（或细渣），等表面返出水分后用木抹子搓平，再用铁抹子赶轧出亮。以后每隔一段时间就要用小轧子揉轧一次，直至表面达到要求为止。但此法不适用于文物保护工程。

两种作法均需进行必要的养护。地面要经常洒水，保持湿润。3d 之内地面不能行走，15d 之内不能用硬物磨蹭地面。

2. 夯土地面

（1）灰土地面

1）按设计要求找平夯实。

2）白灰、黄土过筛，拌匀。灰土配合比为 3：7 或 2：8。灰土虚铺厚度为 21cm，夯实厚度为 15cm。

3）用双脚在虚土上依次踩实。

4）打头夯。每个夯窝之间的距离为 38.4cm（三个夯位）。

5）打二夯。打法同头夯，但位置不同。

6）打三、四夯。打法同头夯，但位置不同。

7）剁梗。将夯窝之间挤出的土梗用夯打平，剁梗时，每个夯位可打一次。

8）用平锹将灰土找平。

以上程序反复 1～2 次。

9）落水。

10）当灰土不再粘鞋时，可再行夯筑。打法同前，但只打一遍。

11）打硪 2 遍。

12）用平锹再次将灰土找平。

灰土地面用于室内时，最后要用铁拍子将表面拍平蹭亮。

南方部分地区用蛎灰（贝壳烧制的石灰）与黏土掺和，做成的灰土地面效果更佳。

（2）素土地面

1）按设计要求找平、夯实。

2）虚铺素土，厚约 20cm。素土应为较纯净的黄土。

3）用大夯或雁别翅筑打两遍，每窝筑打 3～4 夯头。

4）用平锹找平。

5）落水。

6）当土不粘鞋时，用大夯或雁别翅夯筑一遍，每窝筑打 3～4 夯头。

7）打硪 2～3 遍。

8）再次用平锹找平。

（3）滑秸黄土地面

1）按设计要求找平、夯实。

2）虚铺滑秸黄土。厚度 10～20cm。黄土与麦杆（或稻草）的体积比为 3∶1。

3）用脚将土依次踩实。

4）用石碾碾压 2～3 次。

5）落水。

6）用平锹将地面找平。

7）石碾再碾压 2～3 次。

3. 卵石地面铺装

在园林工程中，每一条园路都是不一样的，自然路面图案的大小、式样都需要事先设计好。先量好园路的尺寸，再在图稿上绘制好想要铺设的图案，选择用哪种规格、何种颜色的卵石。在石头铺装的主要图案处，一定不可出错，为此先可以把木桩钉在地面上，标记好图案的大致距离，将其固定，然后再勾勒出整个图案的边线。铺设垫层后开始按照设计的图案填充卵石，铺设垫层非常简单，垫层采用杂杂浆（白灰浆或桃花浆∶碎砖或碎石∶生桐油＝1∶0.5∶0.05 拌和而成），只需要注意的是基层一定要平整，然后在其上铺设一层粗沙。石头的填充是在油灰（泼灰∶面粉∶桐油＝1∶1∶1，加少量白矾搅拌均匀）中，而不是在粗砂中，所以粗砂之上需要再抹上一层厚厚的油灰。卵石的填充是一个非常精细的工艺，也决定着做出来的图案成品美不美观，如果距离摆放不适宜，重新再铺设会有难度，所以要认真地对待它。按事先设计好的图案，选择预定大小的石头，依次镶入到油灰之中，并注意圆润光洁的一面朝上露在外面。铺装好图案之后要继续修整图案，把突出多余的水泥砂浆小心刮掉，然后再检查是否有需要重新加固的地方。

铺设垫层后开始按照设计的图案填充卵石，卵石铺装完成后清理好现场，清理现场一定要及时完成，因为所用到的铺装材料为油灰，如果完全凝固很难再清理干净，会影响到园路的美观。为此趁着油灰还没有完全凝固之前就开始着手清理，小心地用硬毛刷清除多余的粗砂及一些杂乱的无用材料，让整条卵石路看起来特别整洁、干净。当然清理的时候也要注意不要剥落刚刚铺好的石子。

园路用卵石来铺装时，在选择石头的形状、大小、颜色方面也需要用心，只有相互协调，才能让整个铺设图案看起来更加自然，让路面更具有美感。

4. 冰裂纹铺装

清理基层：对基层表面的灰淹、浮浆、泥土及其他垃圾杂物应该清除干净。如有浮皮、松散颗粒，必须凿除或用钢丝刷刷至外露结实面为止，油污应擦干净，洼陷处应用砂浆填补抹平。

做好排水：有坡度要求的要找出排水坡度，没有排水坡度要求但在路面上有雨水口的地方，应由四周向其做放射状冲筋，坡度按设计应采用 $0.5\% \sim 100\%$ 的坡度。既没有排水坡度要求，同时又无雨水口者，一般采用平道牙，路脊比路面高约 $5 \sim 10mm$，这样可以有效地防止积水产生。

做底灰：做完冲筋后在基层上均匀洒水湿润，刷一层石灰膏，用生石膏粉加水调匀后，加适量桐油搅拌均匀，待发胀即可，刷的石灰膏必须要均匀，而且不宜过厚，且一次面积不宜过大，必须随刷随铺底灰。底灰用油灰（泼灰：面粉：桐油＝

1：1：1,加少量白矾搅拌均匀），其厚度控制在 20～25mm。铺完后先用铁抹子将油灰摊开拍实，然后再用 2m 木刮杠按冲筋刮平，最后再用木抹子拍实搓平，顺手划毛。底灰完成以后，用 2m 靠尺和楔形塞尺检查。

拔缝、灌缝：及时检查缝隙是否均匀，如不顺直，用靠尺沿开刀轻轻地拔顺、调直，先调竖缝，后调横缝，边调边用锤子敲垫板拍平拍实。拔缝后次日，用棉纱头蘸与地砖同颜色的油灰，将缝隙擦嵌平实，并随手将表面污垢和灰浆用棉纱头擦洗干净。

养护：铺贴完 24h 后，应用干净湿润的锯末护盖，养护不少于 7d。随着现代冰裂纹铺装技术的不断发展完善和人们审美观念的不断提高，现在对这种铺装工艺和精度要求也不断提高。在一些装饰项目里也采用这种技术，有时用板岩，或用更高级的材料如钧瓷、唐三彩等打碎再粘贴，施工工艺要求更细致。

5. 花岗石园路铺装

园路铺装前，应按施工图纸的要求选用花岗石的外形尺寸，少量的不规则的花岗石应在现场进行切割加工。先将有缺边掉角、裂纹和局部污染变色的花岗石挑选出来，完好的进行套方检查，规格尺寸如有偏差，应磨边修正。有些园路的面层要铺装成花纹图案的，挑选出的花岗石应按不同颜色、不同大小、不同长扁形状分类堆放，铺装拼花时才能方便使用。

对于呈曲线、弧形等形状的园路，其花岗石按平面弧度加工，花岗石按不同尺寸堆放整齐。对不同色彩和不同形状的花岗石进行编号，便于有序施工。

在花岗石铺装前，应先进行弹线，弹线后应先铺若干条干线作为基线，起标筋作用，然后向两边铺贴开来，花岗石铺贴之前还应泼水润湿，阴干后备用。铺筑时，在找平层上均匀铺一层油灰，随刷随铺，用 20mm 厚油灰作粘结层，花岗石安放后，用橡皮锤敲击，既要达到铺设高度，又要使砂浆粘结层平整密实。对于花岗石进行试拼，查看颜色、编号、拼花是否符合要求，图案是否美观。同一块地面的平面有高差，比如台阶、水景、树池等交汇处，在铺装前，花岗石应进行切削加工，圆弧曲线应磨光，确保花纹图案标准、精细、美观。花岗石铺设后采用彩色水泥砂浆在硬化过程中所需的水分，保证花岗石与砂浆粘结牢固。养护期 3d 之内禁止踩踏。花岗石面层的表面应洁净、平整、斧凿面纹路清晰、整齐、色泽一致，铺贴后表面平整，斧凿面纹路交叉、整齐美观，接缝均匀、周边顺直、镶嵌正确，板块无裂纹、掉角等缺陷。

6. 小青砖园路的铺装方法

小青砖云路铺装前，应按设计图纸的要求选好小青砖的尺寸、规格。先将有缺边、掉角、裂纹和局部污染变色的小青砖挑选出来，完好地进行套方检查，规格尺寸有偏差，应磨边修正。在小青砖铺设前，应先进行弹线，然后按设计图纸的要求先铺装样板段，特别是铺装成席纹、人字纹、斜柳叶、十字绣、八卦锦、龟背锦等各种面层形式的园路，应预先铺设一段，检查面层形式是否符合要求，然后再大面积地进行铺装。

操作步骤：

（1）基层、垫层：基层做法一般为素土夯实→碎石垫层→素混凝土垫层→砂浆结合层。

在垫层施工中，应做好标高控制工作，碎石和杂杂浆垫层的厚度应按施工图纸的要求去做，砂石垫层一般较薄。

（2）弹线预铺：在垫层上弹出定位十字中线，按施工图标注的面层形式预铺一段，符合要求后，再大面积铺装。

（3）先做园路两边的"子牙砖"，相当于现代道路的侧石，因此要先进行铺筑，用油灰作为垫石，并加固。

（4）小青砖之间应挤压密实，铺装完成后，用细灰扫缝。

7. 石作工程中的常用灰浆表

石作工程中常用灰浆表　　　表 2-1

灰浆名称	制作方法	使用范围
大麻刀灰	用泼灰、麻刀加水后，搅拌均匀。泼灰：麻刀＝100：3～5	用于石活的砌筑和勾缝
麻刀油灰	按比例，油灰：麻刀＝100：3～4，反复锤砸均匀而成	用于受潮石活的勾缝
石灰膏	用生石膏粉加水调匀后，加适量桐油搅拌均匀，特发胀即可	用于石活灌浆前的锁口
油灰	用泼灰、面粉、桐油（1：1：1），加少量白矾搅拌均匀	用于受潮石活的砌筑、勾缝
桃花浆	将白灰浆与黏土按体积比 3：7 或 4：6进行混合搅拌均匀	用于不受潮石活的灌浆
生石灰浆	生石灰块加水泡解，过滤去渣而成	用于一般石活的灌浆
盐卤浆	盐卤：水：铁粉＝1：5：2，搅拌均匀而成	用于固定石活中的铁件
白矾浆	用白矾加水调匀而成	用于固定石活中的铁件
江米浆	生石灰浆：糯米汁：白矾＝100：0.3：0.33，混合搅拌而成	用于重要石活的灌浆
桊桊浆	白灰浆或桃花浆：碎砖或碎石：生桐油＝1：0.5：0.05，拌和而成	用于石活下的垫基

三、花街图案集锦

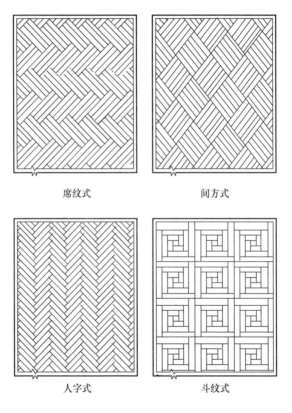

席纹式　　　　　　　间方式

人字式　　　　　　　斗纹式

图 3-1　庭院铺地图案

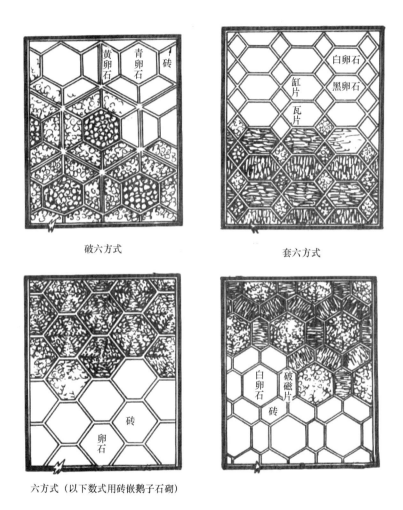

破六方式　　　　　　　　　　套六方式

六方式（以下数式用砖嵌鹅子石砌）

图 3-2　铺地图案（一）

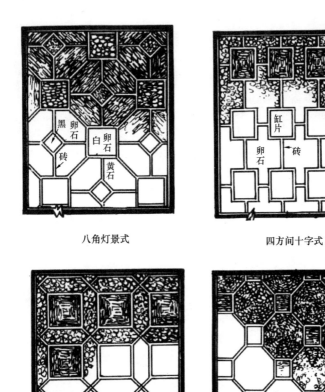

八角灯景式 四方间十字式

图 3-3 铺地图案（二）

八方向六方式

黑卵石
黄卵石
白卵石
砖

万字海棠式

瓦片
卵石

十字海棠式

缸片
青卵石

套六角式

青卵石
红石块
黑卵石
黄石块

万字式

青石
黄石
砖

长八方式

白卵石
缸片
卵石
砖

图 3-4　铺地图案（三）

八角橄榄景式

黄石
缸片
卵石
砖

海棠芝花式
芝花用白卵石
用黄石青石嵌瓦

黄石
青石
瓦片

天白鹅子
小黑片
石片
砌青
缸片
砖

球门式
用鹅子石嵌瓦

卵石
瓦片

缸片
青石
砖砌

冰纹式
回冰裂纹
或采用乱青板石

厚瓦片
废瓦

图 3-5　铺地图案（四）

参 考 文 献

[1] 刘大可. 中国古建筑瓦石营法[M]. 北京：中国建筑工业出版社，1993

[2] 聂广志. 仿古建筑施工实用技术[M]. 郑州：河南科学出版社，1997

[3] 中华人民共和国建设部. 古建筑修建工程质量检验评定标准：CJJ 39—1991[S]. 北京：中国建筑工业出版社，1991